BUSINESS
WAR
ROOM

愛好和平，
就別輕易開戰。

目次

Rule 1

除非勝券在握，
不然別主動開戰。

開戰

The
Beginning
of War

開戰很容易，
但是除非有一方倒下，
否則戰爭永不休止。

戰爭攻防法則

No. 1

有些將領不知道手下士兵們的能力才幹，
常在他們沒準備好時就率兵上陣。

於是他們的糧食、武器和物資面臨短缺，
開戰沒多久便士氣低落，於是戰敗。

因此，在不知自己實力和能力的狀況下開戰，
一定會輸。

商業攻防法則

No. 1

有些公司老闆從未評估員工的能力，
因此他們開戰只會帶來更多的敵人。

完全不懂市場或是同業競爭者的老闆，
也對局勢和所在領域的情況一知半解。

在知識不足的情況下做任何事，
都會被徹底擊敗；
更重要的是，你可能再也無法東山再起。

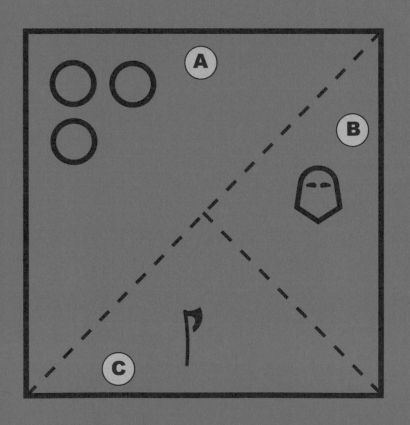

Rule 2

若你擅長水戰，
就逼敵人發動水攻。

戰場

The
Battlefield

挑選戰場

贏家會把戰場變成主場，
輸家到被擊退之時都不知道如何反擊。

戰爭攻防法則

No. 2

如果你能引誘敵人到自己熟悉且能善用戰鬥力的戰場，那你就有八成機會可贏得勝仗。

若士兵擅長沙漠戰，
那就誘使敵人前進沙漠。

若士兵擅長叢林戰，那就逼敵人走入叢林；
若你有完善的空軍，那就大膽施展空襲。

商業攻防法則

No. 2

如果你發現競爭者販售的特定商品有成功的
市場佔有率，那你該做的便是：

引誘他到自己熟悉的戰場，
讓他離開他的舒適圈。

舉例來說，你應該要尋找新產品和新市場，
或甚至找尋新的客戶，提升優勢。

Rule 3

敵人跟你一樣都想聲勢過人，
因此你需要更好的戰略。

戰略

The
Strategy

戰略

你可能有和敵方相同的兵力、武器和糧食，
但真正能讓你擊潰對方的就是「戰略」。

戰爭攻防法則

No. 3

每個人都有一顆腦袋、兩隻手和兩隻腳，
在這方面我們都是平等的。

你和敵人擁有相同的器官。

但是你可以和他用不一樣的方式思考，
只因為你的戰術更高明，
勝利的機會就會增加。

記得，善用戰略擊潰敵人。

商業攻防法則

No. 3

商場上兵不厭詐，
好的團隊合作固然比一盤散沙好。

幾乎所有成功的公司，
背後都由聰明的人領導。

因此，要在商場上擊潰敵手
只有唯一的一個辦法：變得更聰明。

Rule 4

領袖掌控了
部屬的命運。

領袖

The
Leader

領袖

聰明的領袖帶著人數不多的兵團拿下勝利。
另一方面，笨拙的領袖，
儘管手下人多勢眾，終究會邁向失敗。

戰爭攻防法則

No. 4

能展現實力的將領，可使軍隊更強大。

一個將領需要威信與聲望，
才能統領好下屬。

將領的威信可用於懲處之上；
而聲望則可讓部屬信任他，
並因他的寬厚與惜才受到鼓舞。

商業攻防法則

No. 4

在商場上，好的領袖應睿智且有遠見。

就像船長，領袖是指揮全船
所有船員與乘客的人。

領袖需要展現出自己的優秀，
好成為典範讓他人效法。
他也要表現出完全的「自信」，
才能使下屬信心十足。

強大的領袖

讓下屬充滿自信

懦弱的領袖

難以長期統御下屬

墮落的領袖

無法令下屬順服

仁慈的領袖

讓下屬感受到愛護與溫暖

怠惰的領袖

縱容下屬

不負責任的領袖

得不到下屬的信任

12種類型的領袖

（1）草率型領袖 會衝動且急躁地帶著下屬衝上戰場。此類型領袖行動時像無頭蒼蠅也毫無計畫。要率領一大支軍隊進攻敵軍本營需要審慎規劃，也要適時做對決策；既無良策還不必要地隨便亂衝，只會招致惡果。

（2）優柔寡斷型領袖 通常害怕做出艱難決定。這類領袖會擔心如果選擇某一方，就會使另一方不滿。他怕如果選擇站在反方，正方會感到憤懣，更不敢懲處做錯事的下屬。這類型領袖因為猶豫不決，反而無法打贏任何一場仗。

（3）軟弱型領袖 因為能力、知識和教育程度不足，所以無法勝任領袖一職。這類領袖可能太快從前人手中繼承重責大任，反倒容易被擊倒。

（4）能幹型領袖　　　能力、知識充足且經驗豐富。此類領袖不僅有遠見，還能同時管理好事業和身邊的人才。每個人都樂於在這類領導的指揮下做事。

（5）怯懦型領袖　　　深怕自己的祕密會被發現，從不讓他人親近的領袖。這類型領袖非常害怕會被自己人出賣，他從不相信任何人，所以最終經常孤獨自處，不僅沒有家人、沒有朋友，更沒人願意為其效命。

（6）過份樂觀型　　　充分信任他人，從未干預下屬的工
　　　領袖　　　作。常粗心地將重要工作交付給錯誤的人，甚至讓小人掌權。這類型領袖永遠正向思考，對於身邊是否有奇怪的人完全不疑有他。他們會把權力下放到錯誤的人手上，使自己的事業陷入危機，待他們意識到錯信他人時，往往已經太遲無法挽回。

12種類型領袖

（7）過河拆橋型領袖　不信任他人，也從未抱持感恩之心。他們不但忘記當初提供庇護的人，還自私地背叛當初曾提供協助的人。這類領袖樂於在那些曾提供他第二次機會的人背後捅一刀。

（8）自私型領袖　常佔他人便宜，但絕對不讓別人佔便宜的人，他們會貪婪地攫取任何眼前的利益，不願與他人分享任何戰果。這類型領袖優先想到的是自己的親友而非工作夥伴，他們會為了自身而非所有人的利益，不惜一切代價做出任何事。

（9）考慮周詳型領袖　他們有非常多的想法，但只要覺得不妥就不多做任何表示。他們有很多想法但不會表現出來，可說是浪費了好頭腦。這類型領袖儘管腦中有想法，但他們傾向保持沈默，這樣就沒有人知道他們的意向和目標。最終，他們便成為令人感到氣餒又沮喪的領袖，事情終究完成不了。

（10）嚴謹型領袖　這類型的人自小就幹練且很有實力，所有事都必須親力親為，且嚴以律己。這類型領袖很容易因為有人無法維持紀律而不滿，他們認為要能掌控好所有人才能成功，而且非常嚴謹、不輕易妥協。

（11）勤勉型領袖　有耐心、勤奮且不怕辛勞，他們在追求自己的目標時從不放棄。這類型領袖立場堅定，並且深信有志者事竟成，為了要成功，他們會做好要付出很多努力的準備。

（12）游手好閒型領袖　容易受騙，經常積非成是，拒絕遵照邏輯法則。這類型領袖缺乏自信，腦中還有許多自欺欺人的想法。他們相信任何人說的任何話，但從不相信自己的能力。

Rule 5

如果戰勝的機率為一半，
等於失敗的機會也是一半。

因此要試著強化戰略，
這樣就有更多戰勝的機會，
並且更不容易失敗。

預測

The
Forecast

預測未來

如果你只想到自己有多「厲害」或「天賦異
稟」，那這表示你已經愚拙地低估敵人，
而愚蠢最終就是導致不斷失敗。

戰爭攻防法則

No. 5

有些保守型將領在挑戰敵人時過於被動，
因此獲勝的機會只有一半。

有些激進型將領儘管獲勝機率只有一半，
仍舊奮勇殺敵。

不論是「即刻攻擊」或「等待機會」，
都要由領袖做出正確的決定。

商業攻防法則

No. 5

商業裡，每家公司通常都會
自認為其中的「佼佼者」。

有很多公司會推出新產品，挑戰市場龍頭。

他們的新產品究竟是好是壞很難說，
但是要贏得這場商業戰爭，
簡單來說，
需要有最棒的行銷策略。

Rule 6

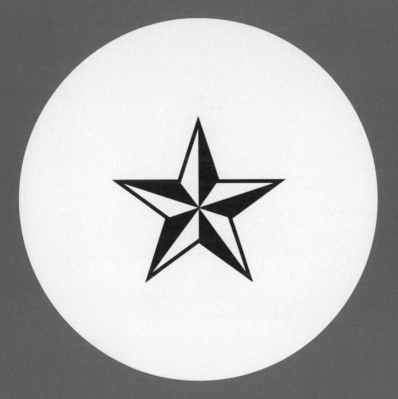

務必留意
看不見的敵人。

誠實

Honesty

誠實

盡可能地保護好「最誠實的人」，
因為他們是當今商場上的罕見人種。

戰爭攻防法則

No. 6

戰事期間場上有數千名的士兵，
有的正直、有的忠誠，

**有些只需要一個住所，有些則沒有其他選擇，
還有人假裝自己很誠實，**

之後他們就會顯露出真實的樣貌，
並在機會來臨時背叛你。

商業攻防法則

No. 6

大多數的員工都知道
「組織忠誠度（organization royalty）」這個詞，
一個組織的領袖應該要率先展現出誠意。

很多競爭對手會努力尋找專家加入他們的公司。

因此對手會樂意提供更高的薪資和更好的佣金，
雇用經驗豐富的人。

然而，誠實且忠誠的員工不管任何理由，
絕不會為了敵營棄守自己的公司。

Rule 7

戰爭期間一定要有足夠的物資。

好的領袖會確保物資
是否存放安好無虞、
是否由信得過的軍官監管，
好在需要時做有效分配。

糧食

Victuals

糧食

有句話説「先填飽肚皮，部隊才走得動」，
軍隊人數越龐大，
就更要有足夠糧食才能打好仗。

戰爭攻防法則

No. 7

戰爭期間永遠別忘了糧食。

提醒自己，戰爭不會很快就結束，
這可能是一場持久戰。

因此，要為自己的部隊準備足夠物資。

商場上，物資好比資金的來源。

盡可能地儲備越多的「現金」吧！

因為現金將是未來發生緊急情況時，
唯一能拯救你的東西。

Rule 8

打仗期間，
不要把時間花在無謂的事上。

當你尚未採取行動時，
敵方可能正把握機會努力操練，
不浪費一分一秒的時間。

技能

Skills

技能

戰爭結束時只會有兩種結果：
一方戰勝，另一方戰敗。
只有具備充實技能的人才可能是「倖存者」。

戰爭攻防法則

No. 8

戰爭期間沒有時間做瑣碎無謂的事。

若你覺得自己有「空暇時間」，
那就拿來訓練軍隊吧。

商業攻防法則

No. 8

公司裡的員工應該要充分培訓，
確保他們能完整發展技能。

培訓可以讓員工更聰明、技能更純熟。

每位員工根據其工作內容，
需要加強不同的技能。

如果你希望公司裡有技能熟練的員工，
就要經常提供培訓。

Rule 9

戰事期間，

軍隊需要等候合宜的時機再開戰，

而且必須是果斷地奇襲敵軍。

時機

Time

時機

在有優勢的時機戰鬥，是勝利的關鍵；
不合時宜地攻打，只會招致災禍。
扭轉時勢的不二之道，
便是在各種情況下適時應用戰略。

戰爭攻防法則

No. 9

以一年來看，
真正屬於你的日子可能只有一天。

若以一千天來算，
你的機會可能增加，
但你需要專心致志。

專心留意機會，
別讓任何機會流失。

只有勤奮的人才會得到良機。

此等良機可能在一天之內或要十年才會出現，
沒人能預測它何時發生。

打仗時你必須要等候機運。

商場上的廝殺也是一樣，你需要等待機會。
要增加成功的機會，
較好的辦法就是每天持續向前邁進。

Rule 10

對領袖而言，
「做出正確決定」
是最簡單也是最困難的一件事。

決策

Decision

決策

領袖下決策時通常有兩種方法：
一是決定打仗然後失敗，
二是決定打仗然後戰勝。

戰爭攻防法則

No. 10

. . . .

擊潰敵軍的軍隊是由
「面對情勢用對戰略」的將領率領；

被擊潰的軍隊是由
「面對情勢用錯戰略」的將領率領。

一旦將領做出決策，
他的部隊就面臨
「勝利」或「失敗」的緊急局面。

. . . .

商業攻防法則

No. 10

傑出的企業領袖總會在做決策之前考慮周詳；

另一方面，
笨拙的領袖總會不考慮而倉促做出決定。
一旦他們決策失當，
最後通常就得解決許多問題。

做出錯誤的決策後，
領袖往往會疲於解決困境，
無法進一步取得商業優勢。
因此，做出正確決策非常重要。

Rule 11

應該要不惜一切
盡量避免正面攻擊，
因為不僅耗時，
還耗費非常多人力。

正面攻擊

Frontal
Attack

正面攻擊

大城市四周總有城牆保護，
主城門就是最大的入口，
並由許多守衛看守。
主城門會受到最大規模的安全防護守備。

戰爭攻防法則

No. 11

記得主城門往往都有最大規模的防禦守備。

如果你決定要從主門攻擊敵方，
軍隊應該要比攻擊目標多上五倍的兵力。

你需要突破有被大量守衛保護的入口，
還有儲備軍和陷阱。

商業攻防法則

No. 11

聰明的公司不會攻擊敵方的優勢；

不智的公司會試著攻擊敵方的優勢。

市場龍頭在優勢被他人攻擊時，
肯定會施行報復，
因為它會極力保護自己的優勢，
而這也是它的最佳利器。

因此，攻擊敵方優勢，
反倒只會使對方趁機加以報復。

26種須留意的攻擊模式

（1）　別在敵方整備完成時發動攻擊。

（2）　別輕易低估敵方的作戰技巧。

（3）　如果你知道敵方領袖聰明過人就別攻擊。

（4）　別主動對更強大的軍隊宣戰。

（5）　在戰場上不可倉促攻擊。

（6）　除非你的軍隊確實整裝以備，不然別發動攻擊。

（7）　敵方竄逃時不要攻擊，因為很可能會是「陷阱」。

（8）　如果你和敵軍兵力相當就別打仗，因為你們雙方可能都不會贏。

（9）　如果敵軍知道你的計畫，就不要發動攻擊。

（10）　如果陣營內部失和，別發兵攻擊，先解決問題。

（11）　除非你有充足物資，不然別輕易調動軍隊。

（12）　別跟著敵營的腳步落入圈套。

（13）　除非你真的清楚明瞭，不然別假裝自己了解情勢。

（14） 除非你有更多兵力，不然別發動攻擊。

（15） 除非你知道逃脫的方法，不然別輕易攻擊。

（16） 別期望戰爭會在一天之內結束。

（17） 別傷害敵人的至親，傷害他人的事最好讓他們自己
來。

（18） 事先找好逃脫之道，以免掉入圈套。

（19） 除非戰事真的結束，不然別輕易繳械投降。

（20） 敵方四面竄逃時，不要持續攻擊。

（21） 了解敵方使用哪種武器，找出削弱它的方法。

（22） 當大隊長往前挺進時，記得指派副大隊長在後方支
持。

（23） 除非你有足夠兵力，不然別輕易分散兵力。

（24） 試著應用多種攻擊戰略，別只是單向攻擊。

（25） 別輕易釋放知道你戰略機要的戰犯。

（26） 除非你有充足的戰鬥實力，不然最好保持謙遜。

商場上會有很多競爭者想擊敗市場龍頭，如果你走錯一步，不僅會輸，還可能因此遭到市場龍頭報復，其反擊將使你的戰鬥在無預警的情況下即刻中止。

如果你選擇在主城門直接攻擊敵方，
這就代表你想來一場「以眼還眼」的
戰鬥。除非你能一次擊倒敵方，不然
就得花上很長時間才能結束戰爭，而
在這期間，你的物資只會越來越少。

Rule 12

側翼包抄，

是聰明的攻擊方法之一。

側牆攻擊

Side Wall
Attack

側牆攻擊

側門是另一個進城的入口，
通常守衛人數較少，
因此由側門攻擊敵軍
會比從主城門攻擊更容易。

戰爭攻防法則

No. 12

選擇入城的側門入侵是比較容易的方法。

因為側門的防護不會比主城門更牢固，

且側門守衛人數比主城門還少，

因此可以預測，側面攻擊敵方會比正面攻擊
效果來得更好。

商業攻防法則

No. 12

·····································

商場上，

主城門代表敵方最大的優點，
而側門則是其弱點。

如果你想要有更好的戰果，
那就從側面攻擊敵方。

找出競爭者的弱點，
將更好的行銷企劃當作主要武器，
這樣就能為你推廣的產品或服務
帶來「滿意的成果」。

·····································

Rule 13

最佳戰略之一
就是
從後方攻擊。

後門攻擊

Back Door
Attack

後門攻擊

通常城市的後門不會有太多人，
後門不僅不常用，
一般來説守衛人數更少。
城市的後門通常會被忽略，
所以放心攻擊它吧！

戰爭攻防法則

No. 13

••

通常城市後門大多會被忽略，
是因為沒有人想從後門進城。

後門一般來說都是丟棄垃圾的地方，

因此，後方城門通常會被棄置不用，
並且防禦鬆散。

一旦敵方知道後門的真相，
就能輕易攻陷任何城市。

••

商業**攻防法則**

∙∙∙

商業遊戲裡，

正面攻擊代表用最強的武器相互戰鬥，
也就是以眼還眼。

側面攻擊是指攻擊敵方的弱點。

後方攻擊意味用祕密武器攻擊，
像是購買敵方公司的普通股，
讓自己成為最大股東，
這樣就能組織高級管理階層。

∙∙∙

Rule 14

擁有「目標」，
就像是使用導航和指南，
讓自己往正確方向邁進。

目標

Goal

目標

由領袖賦予定義，
讓所有人能攜手同路。

戰爭攻防法則

No. 14

部隊將領，
就是設定部隊目標的人。

要支配大支軍隊需要明確的方向，

只要有清楚的目標，
軍隊就能齊頭並進。

商業攻防法則

企業目標應該要在建立計畫之前訂定。

這樣一來全體成員才能有效率地工作，
因為每人都清楚知道自己的職務內容。

要讓一個組織達成其目標，
就該訂下「宗旨」，
並向所有員工公布，
讓他們知道方向。

如果你的目標
是擊潰對手
那就要比敵人
更加熟練
＋
更聰明
＋
更敏銳

如果你的目標在於
熟悉商業運作，
那就不要浪費時間在無謂的事上，
因為這段學習過程
需要了解企業核心。

Rule 15

好的計畫
會讓大支軍隊
更加謹慎，
讓小支隊伍
得以循序漸進。

策劃

Planning

策劃

不論「攻擊」或「防守」都需要計畫，
最棒的計畫就是
利用少部分資源獲得最大利益。

戰爭攻防法則

No. 15

每個行動……都需要計畫

每次暫停……都需要計畫

每則成功故事……都包含好的計畫

每次攻擊……都需要計畫

每次防禦……都需要計畫

唯一不需要計畫的事,就是戰敗

商業攻防法則

No. 15

每間公司都需要目標，
才能締造更穩固的基礎。

在適當的工作系統下，
所有員工會知道公司對自己的要求，
而發揮最大的工作能力。

要達到企業目標，
就要堅守公司「宗旨」，
確保所有員工都往同一方向上邁進。

戰勝或戰敗的軍隊
都有作戰計畫，
但是贏家心思更加縝密，
且有更聰睿的策劃。

Rule 16

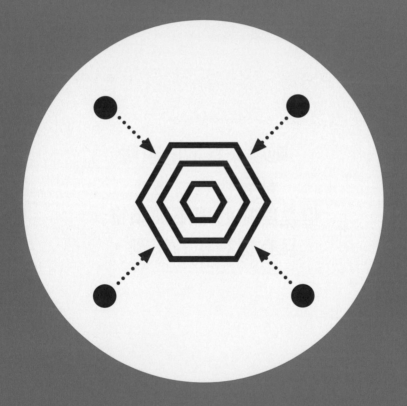

如果你不想被攻擊，
就要搭建更堅固的屏障
或更高的城牆，
當作城市的主要防禦。

屏障

Barrier
to Entry

屏障

要預防敵人輕易「進攻」
就需要堅固的屏障。
屏障越穩固，就越難被入侵。

戰爭攻防法則

No. 16

先建造屏障或城牆，
特別是主要城市或首都，
不可輕易讓敵人侵門踏戶。

商業攻防法則

No. 16

這裡也指「屏障」。

主流商業有很多競爭者都能賺到很多錢。

如果你是業界翹楚，
你應該為自己的市場建立屏障，
好防止競爭者輕易入侵。

屏障將預防商業勁敵太過靠近，
因為當他們遇到困境時，
有些人可能就會因此放棄。

Rule 17

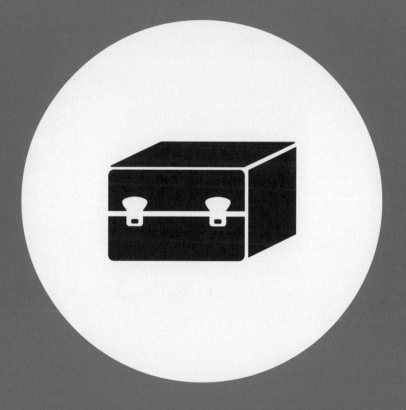

祕密就是要

維持神祕

才算「機密」

祕密

Secret

祕密

戰爭期間會有很多祕密，
有些甚至不該讓副隊長知道，
因為太多人知道「祕密」，
那就不再是祕密了。

戰爭攻防法則

No. 17

每場戰爭都需要精密謹慎的計畫，
且戰爭期間所有機密資料都會被監控。

注意別讓「軍事機密」洩漏出去，
不然你就可能會戰敗。

一旦敵人知道你的
「機密」或是「弱點」，
他們就更容易擊潰你。

商業攻防法則

No. 17

··

在商業領域，

「策劃」是非常重要的工作。

你的公司可能因為某個很棒的策略
而拿下最有優勢的轉戾點，

不過一旦這計畫被「洩漏」給對手，
他們就知道你在打什麼主意了。
如此一來這個良策可能付諸流水，
因為敵營可能會想出更好的計畫。

··

Rule 18

責任感

讓領袖得以區分

「正確」與「錯誤」之事。

責任感

Responsibility

責任感

沒有「責任感」的人，
沒資格當「領袖」。

戰爭攻防法則

No. 18

好的軍事將領
勇於「認錯」。

壞的軍事將領
通常「不認錯」，
還會怪罪手下，誇耀自己的成就。

維持軍隊整頓，
需要一個對自己行為完全負責、
眾人愛戴的領袖。

商業攻防法則

No. 18

商場上，
若某項商品熱賣，
公司內每一個人都該享有更多薪資
＋更多名譽＋更多利潤＋更優渥的獎金。

**但若商品有缺陷或成效不彰，
整間公司都該為此失誤負責。**

不要特別怪罪任何人，
但要確實將責任分攤至各部門，
因為所有人都該為不好的商品負責。

任何行為
都會對其他行為造成影響。

「善」有「善報」，
「惡」有「惡報」。

Rule 19

能準確分析戰況的將領，
與無法評析情勢的領袖相比，
更有可能帶兵獲勝。

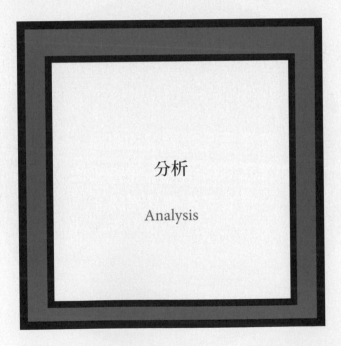

分析

Analysis

分析

成功的領袖，
會分析自己面臨的任何狀況，
確保能有良好成果。

戰爭攻防法則

No. 19

好的地面情勢分析，
能使軍隊在正確的方向前進；

**壞的地面情勢分析，
通常源於能力不足的領袖；**

最糟的地面情勢分析，
是因為將領完全不懂自己的軍隊。

商業攻防法則

No. 19

在商場上，
做任何投資之前要透徹分析。

行動計畫期間，
需要透徹的情勢分析。

實施全新計畫，
需要完整的分析。

好的情勢分析，
源於有好的基本概念。

好的基本概念，
源於老師指導的
「知識＋理解＋經驗」，
還要從經驗學習。

同儕提供的資訊分享，
向來非常有用。

無論如何，都不可停止學習。

Rule 20

部隊行動前進時，
一定要往後看；
離城時要確保後方有誠實的人看顧；
若你遠在他方，
一定要聯繫家裡的人；
加入大戰時，
一定要鼓勵你的士兵。

行動

Movement

部隊行動

如果部隊一定得移動，那就默默地行動，
別讓敵人發現。
若敵軍知曉了你的行動，
別讓他們知道行動的目的。
如果你認為敵軍已得知你的計畫，
那就發動奇襲。

戰爭攻防法則

No. 20

調遣大支軍隊不僅困難且耗時，
因此各部級間一定要維持最嚴謹的紀律。

不作聲的調遣，
敵軍就不會知道部隊的行動。

任何引起騷動的調派最終等於向敵人宣戰，
他們也會有能力予以反擊。

商業攻防法則

No. 20

開發新產品時，
要小心不可洩漏商業機密。

規劃好的商業擴張未完成之前，
不得任意公然宣告。

捍衛你的商業契機，
當作最高機密，
小心別讓競爭者知道你的下一步。

Rule 21

強健的企業結構，
可比摩天大廈的鋼筋結構，
基座越穩固，
就能增加更多樓層。

組織結構

Structure

組織結構

每項指令一定來自確立好的指揮部。
所有合理的部門機構，
能使所有人準確行使任務，
確保獲得最滿意的成果。

戰爭攻防法則

No. 21

大型的軍事單位比起小型的軍隊組成，
有更複雜的組織結構。

規模較大的軍隊，
需要一位誠摯且有威信的總司令官。

不論小支或大支軍隊都需服從將領號令，
才能維持軍隊紀律。

結構完整的軍隊，
不需多大氣力就能完成行政命令。

商業攻防法則

一家成功的公司，
需要好的結構和有權威的管理層級。

公司內的每個人，
都該對自身職務完全負責。

每人都該分攤公司的工作量、
分享好的想法，並支持彼此。

小公司有其責任分配的獨特方法，
大公司本身也有實踐同樣結構的方法。

Rule 22

「鬥志」
使人變強。

「沮喪」
使人難以拿出最好的表現。

鼓舞

Inspiration

激勵人心

公司的成就中，超過一半來自鼓舞，
剩下的來自知識＋效率。

戰爭攻防法則

No. 22

軍隊中良好的士氣非常重要。

若士兵鬥志被打壓，
不論哪場戰爭，
最終都會使軍隊被擊垮。

相反地，若能不斷激勵士兵志氣，
不論敵人有多強大，
他們都會無所畏懼、奮勇抗戰。

商業攻防法則

No. 22

所有員工都需要士氣才能好好工作。

員工缺乏鬥志，公司就沒有靈魂，
最後變成機械化的工作場所。

員工若有良好士氣，
就能維持公司統整，順利增加產能。

不論是小公司還是大公司，
所有員工都需要鬥志，
來激發自信和表現。

Rule 23

系統性思考
有助於找出問題的解決之道。

沒有目標的思考就是亂來，
簡單來說，
就是浪費時間和心力。

思考

Thinking

思考的原則

合乎邏輯的思考，就能找出問題緣由；
沒有邏輯的胡思亂想，
只會找到毫無意義的答案。
除非你正確思考，不然你將永遠一事無成 。

戰爭攻防法則

No. 23

同一部隊裡的士兵要有同樣的思維。

個別獨立思考可能招致衝突，
因此解決衝突的最佳方式
就是聽從將領的話。

不論是往前進、防禦或撤退，
將領都是下達決定的人。

若士兵拒絕服從將領的命令，
軍隊無法整合，最終就會戰敗。

商業攻防法則

公司需要和諧的合作。

員工缺乏鬥志，公司就沒有靈魂，
最後變成機械化的工作場所。

這意味著好想法的共享和共進退，
就如一群共同前進的螞蟻兵團。

讓組織難以整合或不和諧的想法
也會摧毀組織，使員工之間產生衝突。

真正的領袖應該讓員工知道他的想法，
並依據同一信念整合全體員工。

Rule 24

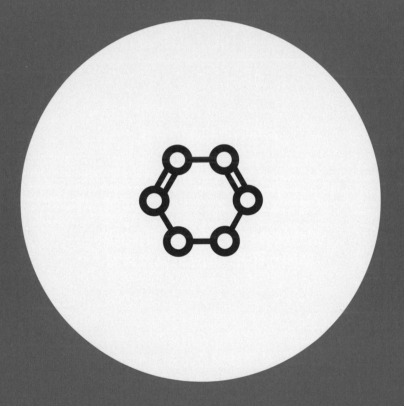

資訊在戰爭裡非常重要，
因為正確資訊能將危急的狀況
轉變成關鍵契機。

資訊

Information

資訊

好的資訊，根據可善用的事實而定；
不好的資訊，則是你不該仰賴之物。

戰爭攻防法則

No. 24

· ·

準確的資訊，能讓總司令加以策劃、
做出正確決策；

曲解的資訊內容，
無法使總司令策劃戰略，
也無法贏得戰爭；

有用的資訊能協助保全士兵，
成功在戰爭中生存。

· ·

商業**攻防法則**

No. 24

∙∙∙

商業裡，
資訊對公司的成功發展至關重要。

所有合宜的資訊皆為「有用＋相關」。

而「不正確的資訊」，
不過是胡說八道和胡亂臆測。

任何相關資訊
都可幫助公司更好地規劃未來。

∙∙∙

所有能應用的資訊
都能成為有用的資料，
成為帶領公司走向成功的工具。

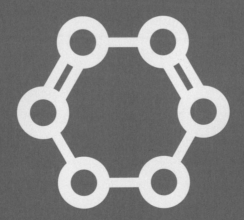

很多公司隨時間發展得到大量片段資訊，但這些資訊從未被當成幫助公司成就偉業的工具。因此，這些片段資訊可說是完全浪費了。

Rule 25

所謂「終極目標」，
就是抵達所有想成就之事的終點線。

沒有明確的目標，
就沒有動力完成任何事。

終極目標

Objective

終點線

想著跑馬拉松時，你知道自己還需要跑多遠；
想要做些什麼事時，你一定知道成果會是如何；
想要往哪裡去時，你一定知道自己的目的地。

戰爭攻防法則

No. 25

設定一個明確且能達成的目標。

現在你為了拿下一區發動的攻擊，
可以是敵人知曉之前發動的奇襲。

攻擊時應該要以嚇阻敵方為目標，
或許還需要一次慘烈的入侵。

攻擊目標是擊潰敵方的話，
就需要技巧嫻熟的戰士從事這項任務。

商業攻防法則

所有組織都需要一個行動目標。

為了增加營業額，
一定要有明確的任務；

為了增加產能，
生產線上的溝通一定要有效率；

為了降低製作成本，
每個程序都要減少浪費；

為了減少辦公室的花用，
支薪的所有員工需要共同合作。

Rule 26

尋找一百位盟友，
好過於製造出一個敵人。

盟友

Alliance

盟友

若單憑一個人無法擊潰對手，那就找第二人幫忙；
若兩個人無法擊潰對手，那就找更多的人手；
若十個人出擊仍可能會輸，那就找一百位幫手吧！

戰爭攻防法則

No. 26

. . . .

若你有選擇的話，
「盟友」和「敵軍」之間，
一定是前者更好。

誠懇
可以讓「敵軍」變成「盟友」；

不真誠
將使「盟友」變成「敵軍」。

. . . .

商業攻防法則

No. 26

．．．．．．．．．．．．．．．．．．．．．．．．．．．．

商業圈裡會同時出現「盟友」和「勁敵」。

試著盡可能維繫「友情」，
如果你們是「好朋友」，
那就繼續維持下去。

除非你能結交「朋友」，
不然應該要避免樹立「敵人」。
遠離你討厭的人，專注在自己工作上，
不要樹立更多的「敵人」。

．．．．．．．．．．．．．．．．．．．．．．．．．．．．

Rule 27

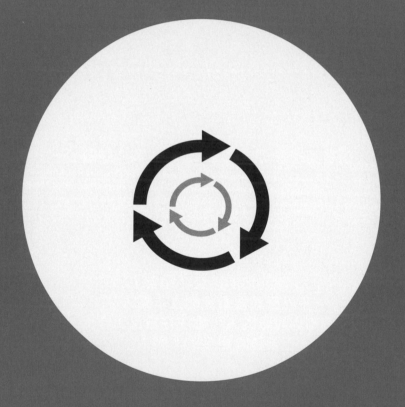

你或許事先規劃了一百種策略，
但要用來對付困境，你只需要一種。

聰明的策略

Smart
Strategy

聰明的策略

一般策略就是戰鬥＋撤退；
較好的策略是前進＋完勝；
最明智的策略能讓你
不需辛勞即可擊敗敵人。

戰爭攻防法則

No. 27

最睿智的抉擇是能運籌帷幄，
因為好的戰略有時也會出錯。

聰明的戰略家
總能想出導致有利成果的計畫。

不過，最聰明的戰略家
能想出戰果豐碩、
還能克服人為過失的計畫。

商業攻防法則

No. 27

一個組織需要絕佳的策略。
要增加業績，就要有目標性策略。

要增加生產量，
就要事先做好未來規劃；
要增加員工效能，
就需要周全的員工配置。

要減少製造成本，
每個部門需做到開源節流。

聘雇新人時，
需審慎留意申請者的個人背景；
刪減成本時，
需要實際的節流措施。

Rule 28

沒有足夠權力，
權威性命令就無法下達。

但權力太多，
會對人民有毀滅性的影響。

權力

Power

權力

權力可使平凡之人變得不平凡，
但沒能善用權力者，會太著迷於權力，
甚至因此沉淪。

戰爭攻防法則

No. 28

戰事期間，
「權力」是相當有效的「利器」。

權力可使軍事將領更有威信。

正確運用權力，
可以獲得很好的效益；

**不當使用權力，
將難以統整全軍。**

商業攻防法則

No. 28

「權力」是「管理用的武器」。

業務部部長有權主導整個業務部，

生產部部長有權主導整條生產線，
採購部部長有權決定下訂單。

各部門權力均衡，
就能使公司內部運作協調。

一點點權力，
能給人短暫的快樂；

多一點權力，
使人為了掌權而鬥爭；

太多權力，
則使公司因內鬨而面臨危機。

行使的權力若太多，
會使人行為改變。

沒能充分運用的權力，
會使工作流程出現問題。

Rule 29

能運用的資源，

不能超過現有的量，

所以要充分運用現有資源，

從中攫取最好的利益，

因為一旦資源用光，

你可能沒有機會補充。

資源

Resources

資源

現有資源相當有限：
物資／人力／彈藥／飲用水／裝備，
因此，了解每項資源的真實價值非常重要。

戰爭攻防法則

No. 29

· ·

戰爭期間會消耗大量資源。

你的士兵是重要資源，
你的軍備是重要資源，
你的物資是重要資源。

飲用水是重要資源，
資訊是重要資源。

要依據當下「情況」
來決定資源如何應用，
以便獲取最大益處。

· ·

商業攻防法則

No. 29

商業裡，
「資金」是重要資源，
「執行長」是重要資源，
「各部門首長」是重要資源。

「技術人員」是重要資源，
「業務人員」是重要資源，
「財務主任」是重要的資源，
「行銷經理」是重要的資源。

經營事業時每位員工都是重要資源，
他們應該全體攜手向前，
才能維持公司運作平衡和方向。

Rule 30

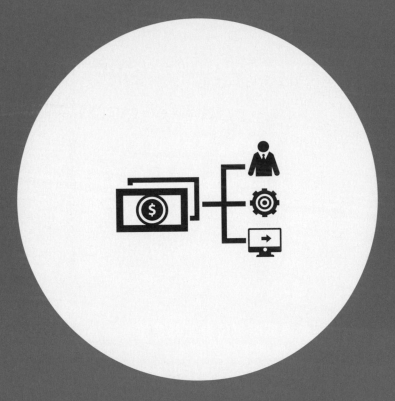

自我管理、

組織管理、

軍事管理，

全都需要「紀律」才有效率。

管理

Management

管理

良好的防禦措施，可使部隊免於傷害；
有效的軍事行動管理，可使部隊獲勝。
在戰場上失敗，
意味敵方有更好的管理技巧。

戰爭攻防法則

No. 30

政府會指派總司令來管理全國統整的軍力。

總司令會指派將軍管理不同軍事單位。

總司令會指派軍需主任
管控物資／人力／軍備。

被指派任務的士兵
必須竭盡所能做好職責。

商業攻防法則

No. 30

「好的行政管理」需要「適當分權」。

業務主管必須有效管理自己的團隊，
盡力完成銷售目標。

產品部主管應該確實管理生產線，
產出優質毫無瑕疵的產品。

所有分區＋部門＋每位員工，
都應該找出
能有效管理好工作和個人生活的方法，
並且維持均衡。

Rule 31

一般情況之下，
按兵不動。

若有突發狀況，
就適當調整戰略計劃。

情勢

Situation

情勢

若發現自己處在不利情勢，
你必須眼觀八方，準備出擊；
若發現自己處於危險狀況，
你必須謹慎思慮，找出解脫之道；
若發現自己處於危急的情況，
你必須思慮周全，
應用最佳的逃脫策略。

戰爭攻防法則

No. 31

聰明的司令官
不會讓自己的部隊處於劣勢之中。

聰明的司令官總會在發動戰爭前，
好好衡量地面情況。

若有戰勝的可能，他就會決定參戰。

除非戰勝的機會很大，
不然別輕易帶部隊上戰場，
否則兵力、物資和軍備皆會損失嚴重。

商業攻防法則

No. 31

睿智的領袖，總會在開業之前審慎思考。

不好的領袖，做事時從來不會深思熟慮。

聰明的領袖，會在市場上找尋新趨勢。

軟弱的領袖，只會盲目跟從。

強大的領袖，隨時都準備好出擊。

自信的領袖，在開戰之前就能預見勝利。

戰場上的局勢隨時都會改變。
你一發現自己處於「劣勢」，
就要找到最安全的出路，
解救自己的部隊；
你感覺自己處於「優勢」，
就要在敵方察覺之前立刻攻擊。
戰事激烈時，
總會有意想不到的情況，
因此總司令一定要能
先行察覺情勢變化。

突發 攻擊

小心 行進

緊抓 機會

行動之前，要精確計算

陣勢分散，要重新整合

發現有獲勝的方法時，要齊心協力

參戰之時，要抱著戰勝的自信

Rule 32

知識得經過教育和經驗才能獲得，
而非與生俱來的天賦。
習得更多知識的人，
成功的機會就更大。

知識

Knowledge

知識

學識豐富者，憑恃自己的「知識」擊潰敵人；
有實力之人，藉著自己的「能力」擊潰敵人。
毫無才能者，不會有勝利的機會。

戰爭攻防法則

No. 32

戰鬥中，
有攻擊戰略方面的知識，
才能成功攻擊敵方位置；

有行政管理方面的知識，
才能維持部隊秩序和統合；

有部隊行動方面的知識，
才能讓部隊往前或往後。

要使事業成功，
就需要行銷方面的知識，建立客群。

要增加銷售營業額，
就需要銷售方面的知識。
要創建有組織的工作體系，
就需要管理方面的知識。
要能適時分配資金，
就需要財務方面的知識。

一間沒有準備好的公司，
背後是一位知識不足的領袖，
這間公司在面臨困境時，將無法達到目標。

大部分的成功人士，
會應用「自身學識」掌握情勢。

戰爭期間得到的知識，
可能有用，也可能沒用。

戰爭結束時獲得的知識，
通常是由敗方取得，
而這正是他們需要學習的「一門教訓」。

因此，要在開打之前充分學習，
才能取得知識＋勝利。

聰明的人　　讓我們成功存活。

遲鈍的人　　讓我們陷入困頓。

容易受騙的人　　讓我們顯得愚蠢。

無趣的人　　讓我們懶散。

愚笨的人　　讓我們軟弱。

憤怒的人　　讓我們變得魯莽。

自信的人　鼓勵我們專心致志。

Rule 33

有水源的土地適合耕種。
低地聚落是易攻之地。

戰鬥競技場

Battle Arena

根據地

若軍隊鎮守在高處，敵方就得攀爬才能攻擊；
若軍隊部署在低地，那敵方就有其優勢；
若軍隊與敵方處於相同陣地，
那此場戰爭勢均力敵。

戰爭攻防法則

No. 33

盡可能選擇你自己的「戰場」。

在你熟悉的戰場上戰鬥，
這樣獲勝的機會就有一半。

在不熟悉的場地戰鬥，
你將居於劣勢而招致戰敗。

在一般場地上戰鬥，
意味勝利或失敗的機率各半。

商業攻防法則

做生意時，要做擅長之事，
才能取得優勢。

不論何時發現自己處於劣勢，
在來不及之前趕緊回頭。

一旦你被擊敗，
就很難再有第二次機會了。

在你最強大的時候誘敵，
這樣就更有可能勝利。

Rule 34

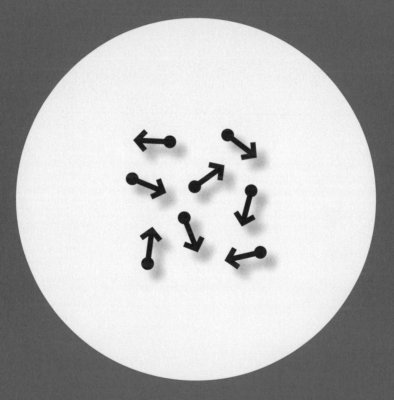

總司令可隨情勢發展調整戰略。

經驗豐富的領袖
知道戰略可以隨時執行。

策略調整

Remodel

策略調整

不切實際的策略就是不夠好；
能確實震懾敵人的戰略才好。
能擊潰敵軍的戰略就是最佳戰略。

戰爭攻防法則

No. 34

....

要轉移陣地，就要快速拔營、快速紮營。

再匆忙也要因應情勢變化，
如潮起潮落般調整戰略。

快閃戰的戰略，
就是快速並猛烈地攻擊敵方。

退守戰場的戰略，
要在敵方警醒以前默默地快速行動。

....

商業攻防法則

No. 34

開業時，
態度審慎對小公司來說至關重要，
而多十倍的謹慎史是大公司的關鍵。

別輕易浪費你的資源。

要隨時為意外事件做好準備，
若機密已經洩漏，就得考慮改變計劃。

思考受限時要保持輕鬆。
若你需要技術人才認同你，那就支持他們。
盡可能讓公司內部權力均衡。

Rule 35

不好的策略，
源自於糟糕的計畫。

不好的策略，
終將導致失敗。

不好的策略

Bad Strategy

不好的策略

因應不同情況，應使用不同策略。
若你發現某項策略無效或不切實際，
停止使用它。

戰爭攻防法則

No. 35

戰事期間，
若總司令無法執行實用的戰略，
持續戰鬥不僅會對部隊造成徹底的傷害，
也可能使資源和軍備受損。

若總司令善用良好的戰略，
就不會損失大量兵力和武器，
還能在進軍敵方領地時有好的成果。

商業攻防法則

睿智的領袖，
總能在展開全新事業之前審慎思考。

糟糕的領袖，做事時從未深思熟慮。

聰明的領袖，會在市場上尋找新的趨勢。

懦弱的領袖，總會盲從倚賴他人。

強大的領袖，隨時做好戰鬥準備。

有自信的領袖，在開戰之前就能預見勝利。

不好的策略
通常是戰敗主因

不好的策略
會使戰爭持久不休
並且永不消停

不好的策略
會使所有人
包括士兵和市民都陷入困頓

不切實際的計畫
會使公司失去良機。

不切實際的計畫
會浪費公司時間。

不切實際的計畫
會導致人才流失。

Rule 36

好的領袖能因材施教，
好為公司完成更多成就。

優良的領袖

Great Leader

優良的領袖

自誇的領袖就是傲慢；
衝動的領袖就是瘋子；
有耐心的領袖有其專業，
也是優良的領袖。

戰爭攻防法則

No. 36

優良的將領

應該知道如何管理人才、
如何鼓勵士兵和激勵士氣，
好讓他們做好戰鬥的準備。

應該知道派兵遣將的戰術，
不論是要前進或後退。

應該知道
如何自制、不暴躁魯莽，
因為心情若無法沉著，
最終就會徹底失敗。

好的組織領袖

知道如何讓員工學習，並懂得適才適所；

**理解如何適時懲處員工，
讓他們著手學習關於公司的一切事務；**

調查競爭者的資訊，以公平理性下決策，
恪守原則與規範，
對詐欺者與說謊者則永不妥協。

用心領導的
領袖
能贏得士兵的心

嚴謹管訓的
領袖
能讓士兵展現完全服從

真誠以待的
領袖
能吸引誠摯的追隨者

成功
不會憑空出現
等候他人攫取

成功
只有奮發進取之人
方能達成

Rule 37

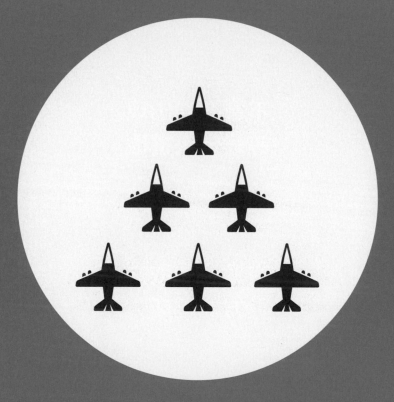

位居高階職位者，

好比

以「勝者之姿」

站在指揮台上。

超越

Beyond

巔峰

做好萬全準備的軍隊，就是蓄勢待發的軍隊；
拿下多次戰果的軍隊，會成為強大的軍隊；
獲得最高命令的軍隊，是最能善用戰略的軍隊。

戰爭攻防法則

No. 37

打贏勝仗要獲得八項優勢：

（1）佔據優勢的根據地
（2）訓練完備的士兵

（3）階級紀律嚴謹
（4）武器精良

（5）更有力的鼓勵
（6）博學的知識

（7）有戰術專業的總司令
（8）最精準且最新的資訊

商業攻防法則

No. 37

經營公司需要一些優勢。

所謂的「優勢」，
是能讓你更精通經營的要素：

更精通於工作
更精通於聘雇合宜人才加入團隊
更精通於規劃

更精通於找尋資金
更精通於學習知識
更精通於變得睿智

Rule 38

談判，
是一種能輕易擊潰
敵軍的方法。

談判

Negotiation

談判

要不費力地打贏戰爭，
就是與敵方談判。

戰爭攻防法則

No. 38

....

將領需具備的資格之一就是：
精湛的談判技巧。

好的談判者，
能使軍隊「勝之不武」。

普通的談判者，
無法影響進行中的戰爭。

糟糕的談判者，
反使原來的和平掀起戰爭。

....

商業攻防法則

商場上，若執行長擅長談判，
那公司盟友就會更多，競爭者更少。

好的談判者，能帶來許多同業盟友。

有創造力的談判者，
能公平均分公司員工的福利。

不成功的談判者，會引起混亂，
使員工彼此猜忌。

完美的談判者，能創造雙贏局面。

Rule 39

看見事情的真正本質，
就是接受真相。

見解

Sight

洞察力

所有領袖的洞察力，應專注在公正上。
戰略型領袖的洞察力，是理解下屬。
對贏得勝利有明確遠見的領袖，
總能預先察知情況。

戰爭攻防法則

將領的洞察力是：

在軍人力行善行時，加以褒揚；
在惡劣軍人行差踏錯時，絕不予表揚。

讓有能力的戰將領導軍隊；
讓懦弱的士兵做粗活；
讓自私的士兵站崗。

把墮落的士兵趕出部隊；
將背叛同袍的士兵革職。

商業攻防法則

No. 39

有洞察力的領袖，
能從一人的外貌和他的想法了解他。

有洞察力的領袖，
會提拔人才到更好的職位。

有決斷力的領袖，
會排除公司內的小人。

支持卑鄙者的領袖，會引狼入室。

Rule 40

對「聰慧之人」的讚揚
應該要表達出來。

對「善良之人」
表達尊敬是該讚揚之事。

敬重

Respect

讚揚

未受教育者，永遠不知道如何讚揚他人；
傲慢者，通常會瞧不起他人；
高貴者，總會真誠讚揚好人。

戰爭攻防法則

No. 40

讚美聰明人，是優秀將領的基本原則。

讚美有高度道德規範的人，
能使國運長期昌盛。

讚美道德腐敗者會使國家陷入混沌，
好人因此受到傷害時，更會如此。

讚美毫無道德者，
好比支持把自我利益放在共同利益之前。

商業攻防法則

No. 40

要想成功經營事業，
遇到「有才幹的人」，
就懇請他們與你「合作」。

不論你是何時遇到「良善之人」，
請他們「指導你的員工」。

不論你是何時找到「真誠的人」，
懇請他們幫忙照看「財務部門」。

不論你是何時遇到「頹敗之人」，
盡可能地遠離他們。

Rule 41

智慧
能使人克服困難。

智慧
能使人完成目標。

智慧

Wisdom

智慧

用情緒解決問題的人，有勇無謀；
用實力解決問題的人，腳踏實地；
用智慧思考問題的人，深謀遠慮。

戰爭攻防法則

No. 41

....

睿智的領袖終能帶領軍隊迎向勝利。

不聰明的領袖永遠打不贏敵人。

笨拙的領袖不僅無法照顧自己，
也無法看守敵人。

睿智的領袖能率領軍隊戰贏沙場，
使和平回歸故土。

....

商業攻防法則

No. 41

為了順利開業，
一個領袖得了解企業管理。

智慧，是能創造許多新事業的工具。

正向的智慧，是統合所有員工的工具。

智慧，是解決疑難雜症、
確保事業能繼續經營的最佳之道。

智慧，是企業管理的最佳工具。

智慧，是領先意外事件的最佳辦法。

Rule 42

優良的領袖具備戰士之魂。

精神

Spirit

戰士之魂

從總司令到步兵，全體皆需具備戰士之魂。
沒有戰士之魂，就算是位居最高階級者，
也會在面臨小小困境時輕言放棄。

戰爭攻防法則

No. 42

除非戰事已告終結或宣告休戰，
不然戰鬥仍在持續。

將領所具備的強大戰士之魂，
將超乎你所能想像的強大。

所有優秀將領都該為國家安定建立愛國精神。

另外還有共同利益，
每個人都應該銘記於心。

商業**攻防法則**

No. 42

做事時，領袖要永不「輕言放棄」。

開設事業，
領袖應該「確實做好所有決策」。

經營事業，
領袖應該「思考合乎規範的企業準則」。

要振興事業，
領袖該是「能鼓舞全公司士氣」的人。

人生大事之
看穿對手的競爭攻略

作　　者／丹榮‧皮昆（Damrong Pinkoon）
譯　　者／游卉庭
美術設計／倪龐德
特約編輯／張沛榛
執行企劃／曾睦涵
主　　編／林巧涵
董事長‧總經理／趙政岷
出版者／時報文化出版企業股份有限公司
10803 台北市和平西路三段 240 號 7 樓
發行專線／（02）2306-6842
讀者服務專線／0800-231-705、（02）2304-7103
讀者服務傳真／（02）2304-6858
郵撥／1934-4724 時報文化出版公司
信箱／台北郵政 79 ～ 99 信箱
時報悅讀網／www.readingtimes.com.tw
電子郵件信箱／books@readingtimes.com.tw
法律顧問／理律法律事務所　陳長文律師、李念祖律師
印　　刷／盈昌印刷有限公司
初版一刷／2017 年 8 月 25 日
定　　價／新台幣 280 元
行政院新聞局局版北市業字第 80 號

時報文化出版公司成立於一九七五年，並於一九九九年股票上櫃公開發行，
於二〇〇八年脫離中時集團非屬旺中，以「尊重智慧與創意的文化事業」為信念。

Business War Room by Damrong Pinkoon
© Damrong Pinkoon, 2014
Complex Chinese edition copyright © 2017 by China Times Publishing Company
All rights reserved.

人生大事之看穿對手的競爭攻略 / 丹榮‧皮昆 (Damrong Pinkoon) 作；游卉庭譯 . 初版
臺北市：時報文化，2017.08　ISBN 978-957-13-7104-7（平裝）
1.商業管理　2.策略規劃　　494.1　106013393